VOLUME 8

COME SI È FORMATO L'UNIVERSO
Almatrinos e Urdires

PRIMA EDIZIONE

Carlos L. Partidas

quimicor2@gmail.com

DEDICATORIO

PER TUTTI GLI ESSERI CHE ABITANO L'UNIVERSO

CONTENUTI

RICONOSCIMENTO

A tutta l'energia che anima tutti gli esseri viventi
che abitano la Terra

1

INTRODUZIONE

Albert Einstein ha dedotto che esiste una relazione tra il contenuto di massa m_0 di una particella e la sua quantità di energia E, con l'equazione $E=m_0C^2$. Questa massa è diversa dal concetto di massa di Isaac Newton, che dovrebbe piuttosto essere chiamata materia, perché la massa m_0 a cui si riferiva Einstein. Si tratta della massa di una particella a scala subatomica, che è legata al moto della particella ma non alla forza di gravità. E la massa di Newton si riferisce piuttosto al peso di corpi molto grandi. In questo modo, afferma Albert Einstein, che le particelle acquisendo movimento creano la propria massa, e che questa massa acquisita m deve essere considerata nel modo seguente:

$$m = \frac{m_0}{\sqrt{1-V^2/C^2}}$$

E-1

Essendo m, la massa che la particella acquisisce quando è in movimento, m_0 è la massa della particella quando è ferma, V è la velocità della particella in movimento e C è la velocità della luce.

Ed è da questo concetto relativistico di Albert Einstein che abbiamo dedotto un'equazione che ci permette di spiegare come si è formato l'Universo, e che è dato da:

$$V = \frac{m_0 C^3}{E}$$

E-2

Essere E, l'energia che si è generata all'interno della piccola bolla, che ha rappresentato per quel momento l'Universo incipiente, e V è la velocità che la particella ha acquisito, quando questa ha cominciato ad accelerare dal suo stato di inattività o immobilità, o dove ancora non esisteva quello che oggi chiamiamo Universo. E questa piccolissima energia sarebbe quella che Max Planck chiamerebbe "quantum d'azione", cioè la quantità minima di energia di cui il sistema aveva bisogno per spingere se stesso. Oppure, in quel momento, è stata generata l'energia minima che il sistema è stato in grado di risvegliare da solo; e una volta che il sistema ha preso il suo impulso, nulla sarà in grado di fermarlo.

Ma questa equazione $E = m_0 C^3 / V$; nonostante sia molto semplice, dà un senso enorme ad un caso complesso ma reale, perché ci mostra come è stato creato l'Universo. Perché quando la particella ha cominciato ad accelerare, l'Energia E tendeva verso un valore infinito. Quindi, all'interno di questa piccola bolla, si è generata una quantità relativamente enorme di calore Q, che ha fatto scoppiare quella microbolla, ed è stato quello che ha dato inizio alla formidabile attività energetica dell'Universo. Perché da questo evento, ciò che emerge è solo energia. E quando diciamo che l'energia era relativa, ciò che intendiamo è che quell'energia, per quanto piccola fosse, era troppo grande per essere sostenuta da un sistema con quelle dimensioni minime. E questa energia emergente, anche se ugualmente molto piccola, ha causato V, cioè la velocità della particella è aumentata anche verso un valore infinito.

Cioè, quando E era molto piccola, $U=m_0C_3/E$ ($U\rightarrow\infty$). E questo caso ci mostra che $U=C^3$, cioè che questa particella è riuscita a muoversi ad una velocità equivalente al cubo della velocità della luce. E questo rompe il concetto o l'idea che nulla può viaggiare a una velocità più veloce della luce, o apparentemente viola la Legge di Relatività di Albert Einstein. Ma si scopre che questa enorme velocità, o C^3, può essere ottenuta per estrapolazione da dati sperimentali. Solo che Einstein non voleva vedere oltre, o quando l'U/C era maggiore di 1 ($U/C>1$). Perché Einstein ha fatto tutto ciò che riguardava la velocità C della luce, o tutto ciò che immaginava e raccontava quando $U/C<1$ perché deduceva che nulla poteva viaggiare a una velocità più veloce della luce; perché se così fosse, nell'equazione E-1, la massa m doveva essere necessariamente immaginaria.

Ma in questo lavoro, quello che vogliamo dimostrare, è che in realtà, ci sono particelle che possono muoversi ad una velocità più veloce della luce. Ma poiché questo tipo di particella è la più piccola esistente, abbiamo dovuto identificarla con un altro nome; e poiché ha questa diversa connotazione, l'abbiamo chiamata almatrino. Perché è diverso dagli altri. E perché oltre ad essere le particelle creative dell'Universo, sono anche quelle che hanno dato origine agli spiriti. Così con questo nome almatrino, quello che vogliamo è connotare una trinità energetica, perché in realtà gli esseri umani e tutti gli esseri viventi, siamo fatti di coscienza dell'anima-urdires-coscienza, cioè, anima-trina.

Naturalmente, poiché queste particelle sono le più piccole, non hanno né carica né massa, perché per creare la massa dell'Universo non era necessario; l'unica cosa che si produce nell'Universo è l'energia. E la massa si forma quando questa stessa energia è in grado di condensarsi attraverso l'intervento di altre forze integranti o agglutinanti. Sono come colla. Per questo motivo queste forze sono chiamate anche dalla lingua inglese glue, da cui deriva il termine gluon. E per questo motivo, o perché le nostre forze di unione sono diverse dai gluoni, o nonostante svolgano la stessa funzione integratrice, alle forze che mediano per unire gli almatrinos, abbiamo dovuto chiamarli urdires, perché sono le forze che si integrano, in modo simile al processo di tessitura dei fili per tessere un tessuto.

E gli almatrinos con gli urdires, formarono un altro tipo di fili di luce così intensi, che è ciò che ci ha reso energeticamente stabili, e di essere Esseri totalmente indipendenti. E queste entità energetiche non possono più disintegrarsi, perché non c'è più un'energia che ha abbastanza forza per rompere quell'unione. Ma immaginiamo l'intera popolazione marina; un enorme sciame di organismi, api, formiche, termiti, termiti, piante, animali selvatici, ecc., o i milioni di sperma nei testicoli di tutti gli animali maschi, tutti formati da almatrino con la forza integrante degli urdires! O gli oltre sette miliardi di esseri umani ugualmente diversi; o le entità energetiche che fanno parte degli Esseri cosmici; ma anche quelli che non si sono ancora incarnati, o non hanno bisogno di partecipare a questo sistema di vita sulla Terra. E davvero, che sulla Terra, possiamo percepire la vita ovunque: sia come piante, alghe, funghi, coralli, spore, spore, insetti, mammiferi, animali, uccelli, esseri umani, o quant'altro, e sono tutti realmente costituiti da un altro tipo di energia, ma sotto forma di luce agglutinata. Ma allo stesso tempo, questa è l'unica energia che è cosciente di se stessa.

Ed è evidente che l'Universo si è formato dal nulla. E qualcosa di più piccolo di quel punto, che in realtà non esiste. Perché se l'energia era molto bassa, e gli almatrino non avevano massa, possiamo assicurare che all'inizio, o in quel luogo, nulla esisteva come massa. E solo la minima quantità di energia che possiamo immaginare, ma che era sufficiente a disturbare il più piccolo spazio che può stare nella nostra mente. Logicamente, dovremo fare uno sforzo nella nostra entelechia per immaginare quanto piccole siano queste dimensioni. Ma pensiamo solo che all'interno di un elettrone possiamo ospitare circa 10 mila neutrini, e all'interno di un neutrino possiamo introdurre circa 10 mila almatrino! Quindi, qualsiasi materiale fisico che esiste può essere trasferito da queste particelle almatrinos, perché per loro l'elettrone o il nucleo di un atomo sarebbe troppo grande.

In tal modo, che l'analisi che proponiamo, la faremo utilizzando le leggi fisiche esistenti, o le idee che sono già radicate nella mente analitica degli esseri umani, perché in realtà, quella fisica classica, o così com'è, ci ha messo solo su quel sentiero stretto, o da percorsi di calcolo molto complessi, e non è proprio l'idea di ciò che vogliamo esprimere in questo libro. Perché con questa analisi, quello che vogliamo veramente è dare un senso logico, o una spiegazione a quei fenomeni che possiamo percepire o che ci accadono. E il modo di esprimere in modo più dettagliato l'emergere della vita e l'energia che forma lo spirito, abbiamo considerato separatamente nei libri "La Chimica dello Spirito" e "La chimica del Pensiero".

Ma Albert Einstein una volta disse, riferendosi ad uno dei più grandi scienziati in fisica: "Perdonatemi Newton, ma le deduzioni che avete fatto per i grandi corpi non sono soddisfatte per le particelle molto piccole". Ma poi è venuto uno di quelli che più utilizzati i principi della fisica quantistica Stephen Hawking e ha detto: "Perdonatemi Einstein, ma le deduzioni che avete fatto non si applicano per spiegare i fenomeni delle particelle elementari". E a quanto pare, siamo sorti, dicendo con gli almatrinos e gli urdires: perdonatemi Einstein, ma gli almatrinos sono le particelle più piccole che esistono, ma in aggiunta, possono muoversi con una velocità maggiore della luce. E, perdonatemi Hawking, perché in modo molto semplice, questo contraddice anche la teoria del Big Bang.

Perché, come Albert Einstein stesso ha dedotto, perché è stato lui a prevedere che quando l'energia viaggia a grande velocità, può fare a meno della massa per manifestare la sua esistenza. Pertanto, si dice che l'energia è equivalente alla massa. In modo tale, che l'energia, sebbene cambiando in massa e questa di nuovo in energia, entrambe le forme saranno sempre reali. E si crea una particella energetica che riesce a muoversi con una velocità maggiore della luce, di questa alta velocità, oppure l'energia si trasforma in una quantità di massa relativa.

Ma gli almatrinos possono viaggiare più velocemente della luce per diversi motivi: ma diciamo che, tra i primi argomenti, lo possono fare, perché gli almatrinos sono molto piccoli rispetto alle dimensioni di qualsiasi particella elementare. E, in secondo luogo, perché nulla li ferma nella loro traiettoria; cioè, è impossibile che gli almatrino si scontrino tra loro; e meno contro altre particelle, perché non ci sono particelle elementari più piccole degli almatrino, in modo che possano essere usate come supporto per qualche rimbalzo. In modo tale che i nuclei della materia ordinaria, come si è detto, sono troppo grandi per le almatrino. Pertanto, le almatrino viaggiano sempre in linea retta e senza ostacoli che si frappongono. Ma in più possono accelerare e la loro accelerazione permette loro di raggiungere una velocità superiore a quella della luce. Ed è stata questa enorme velocità che ha portato le almatrino a produrre tutta la massa che esiste, e la massa che esisterà nell'Universo.

E obbligatoriamente, che all'inizio doveva esistere una classe di particelle a bassissimo contenuto energetico. Cioè, che nel tempo zero, o dove non c'era nulla, non potevamo immaginare quel piccolo universo, ma che a sua volta era molto caldo o molto energetico, il che è impossibile, perché ci costringerebbe a cercare l'origine di quel calore. In tal modo, che l'Universo deve aver cominciato a formarsi, attraverso il movimento di alcune particelle a bassa energia o con un'accelerazione minima. E da lì, è stato che l'Universo ha cominciato a formarsi efficacemente, che ora contiene, o ci mostra la sua parte fisica tangibile e misurabile. Ma anche, di queste interazioni, è rimasta una porzione energetica e di materia che continuerà ad essere invisibile, perché non sono riusciti a integrarsi.

Ma la cosa più complicata sarebbe sapere per quanto tempo quelle particelle sono rimaste nel tempo zero; perché se le particelle sono ancora, non interagiscono, e le forze necessarie non sono generate per forzarle, o non c'è quello che Max Planck chiamava, quanti o quanti di un'azione. In modo tale che nel punto zero, o prima di raggiungere una situazione instabile per disturbare il piccolo spazio, deve essere sorta o originata una forza; e questa forza era anche impercettibile, l'energia che motivava l'inizio della formazione dell'Universo. Eppure quell'effetto non ha cessato e non sarà in grado di fermarsi, e l'Universo non smetterà di crescere, poiché con la comparsa di una nuova quantità di calore Q, questo sarà sempre più grande, ma questo a sua volta, farà sì che si formi più massa, secondo l'equazione $m=m_0+Q/C^2$, o $Q=\Delta mC^2$; e nella stessa misura, o ogni volta che si forma una nuova massa m, una quantità di energia che è stata generata sotto forma di calore si condenserà, ma apparirà una nuova quantità di calore Q, il che spiega perché la crescita dell'Universo sta avvenendo ad un ritmo accelerato.

Le almatrino e gli urdires sono stati integrati e hanno formato la coscienza, cioè l'energia cosciente che anima ogni essere vivente. Per esempio, è il fluidum o respiro di vita dell'essere umano. Così gli almatrino con gli urdires sono le forze che mantengono attivo quel flusso energetico di tutti gli esseri viventi che possono esistere sulla Terra, ma anche le infinite classi di entità energetiche che vivono nell'Universo.

2

LE FORZE INTEGRANTI

Se vogliamo fare un confronto più reale dell'integrazione degli almatrino con gli urdires, il più vicino che abbiamo trovato per capire come sono queste forze di intervento, sarebbero i gluoni. Ma la scoperta dei gluoni, lo descriveremo in modo leggero, o solo per fare un necessario confronto, e per poter avere un'idea dell'immensa quantità di forme di energia che acquistano, e di quanto piccoli siano gli almatrino.

E la probabilità di riuscire ad afferrare gli almatrino sembra essere troppo lontana, per quanto piccoli siano, e non c'è nulla che possa trattenerli, perché non c'è niente di più piccolo degli almatrino per intercettarli; o per lasciare una traccia sul rimbalzo. Quindi, forse sarà impossibile identificare le almatrino.

Ma diciamo, per fare un confronto, che un gluone è quello che viene chiamato "bosone vettore", il che significa che ha un valore di spin one. I bosoni sono forme di energia, che hanno un valore o numero di turbinio, che viene anche chiamato spin, ma il suo valore numerico è un intero. Per esempio, il bosone di Higgs ha un valore di rotazione zero. Il gluone è la forza legante, che lega i quark insieme per formare particelle subatomiche più dense chiamate adroni. Essi intervengono anche per tenere insieme i nuclei atomici; e i gluoni stessi possono interagire tra di loro, o tra i gluoni di altri quark o i gluoni di altri nuclei, o per scambio tra gli stessi gluoni. Per questo possiamo dire che gli urdires, poiché sono forze integratrici più intense dei gluoni, possono interagire per integrare gli almatrino, ma anche, integrarsi tra di loro, e formare altri tipi di energie in cui includiamo gli spiriti. Che può funzionare indipendentemente, ma formare un tipo di energia che è, o è cosciente di se stessa.

Ma nei gluoni, queste interazioni sono così complesse e varie che invece della carica elettrica positiva-negativa che normalmente conosciamo, i gluoni interagiscono attraverso un altro tipo di forza energetica chiamata "cariche di colore". E questo tipo di carica doveva essere definito in questo modo per spiegare o dare significato ai diversi tipi di interazioni menzionate. In modo tale che possiamo pensare che deve esistere un altro tipo di interazione tra gli urdires. O forse la forza di integrazione tra gli urdires è stata così intensa che non si sono realizzate altre unioni dopo la formazione degli spiriti. Perché non c'era più una forza energetica sufficiente, o una forza che potesse continuare ad integrare più almatrino. Ma era così, che erano in grado di formare le yotta-configurazioni stabili ener-getiche; ma che, inoltre, erano in grado di differenziare tra loro. Perché se vi girate e guardate da qualche parte, vedrete che ci sarà un Essere diverso da voi, o anche se provate a cer-carne uno esattamente come voi, tra i 7 miliardi di esseri umani, non lo troverete.

Ma come abbiamo detto, il confronto è necessario, perché possa servire da guida relativa o reale, o aiutarci a capire un po' meglio, se necessario, cosa intendiamo per gli almatrinos con gli urdires, che integrano un altro tipo di energia, che chiamiamo piuttosto conscientia. E noi la chiamiamo co-scienza, per caratterizzare questa energia che si attiva, perché non sapremo, se è corretto chiamare spirito, l'energia che spinge, per esempio, ad una formica.

Ma seguendo il concetto dei gluoni, il colore assegnato alla carica elettronica, se così possiamo chiamarla, è un tipo di ca-rica simile alla carica elettrica fisica che conosciamo, ad esem-pio tra il polo negativo e positivo di una batteria galvanica. Ma per mezzo di questa nozione di gluoni, è come se nella batte-ria galvanica, avessimo tre o più poli collegati. E in questo modo, nei gluoni sono state identificate tre proprietà di carica, a cui sono stati assegnati tre colori: rosso, verde e blu.

Ora, in queste cariche elettroniche conosciute da una batteria, ogni polo ha la sua controparte, quindi con il polo positivo deve necessariamente essere il negativo, in modo che gli elet-troni possono fluire dal polo negativo, dove c'è una carica in eccesso, al polo positivo dove c'è ovviamente una carenza di carica. E questa differenza di cariche è ciò che genera una cor-rente elettrica. Allo stesso modo, tra i gluoni, con ogni colore si generano una serie di interazioni, cioè un colore con il suo anticolore. In altre parole, la carica rossa ha la sua carica anti-rossa, ecc. E ogni carica di colore, è quella che dà luogo alle diverse forze di unione, che sono responsabili delle interazioni; ad esempio, queste sono le forze che si legano tra i quark per formare adroni e le diverse interazioni che avvengono tra gli stessi gluoni.

Quindi, possiamo immaginare che dalla combinazione tra le diverse cariche degli urdires, nasce anche una quantità infinita di possibili combinazioni di energia tra gli almatrino con gli urdires e tra gli stessi urdires. Perché è l'unico modo per spiegarci perché siamo così tanti e così diversi. E forse non sapremo che se invece di tre come nei gluoni, si formano piuttosto sette classi di cariche, perché ugualmente potremmo chiamarle piuttosto frequenze, come nelle note musicali. Per queste forme di combinazione e interazione tra le sette cariche creano un'enormità di forme energetiche, cioè i vari e diversi brani musicali. Ed è da queste sette note, o forme di cariche, che nascono le infinite forme di spiriti e di coscienza, con le loro forme di vita: un essere umano, un cane, una balena, un gatto, una mucca, un'ape, una vongola, un corallo, una formica, un fiore, una pianta, un verme, un batterio, una cellula, uno sperma, un ovulo e così via. Ma se ci dedichiamo ad elaborare un elenco completo di queste combinazioni, sarebbe qualcosa di impossibile da completare.

Ma alcune di queste combinazioni sono quelle che sono ancorate alla massa, e che formano le infinite combinazioni di organismi che riusciamo ad identificare, ma che sono corpi necessari, affinché gli almatrino con i loro urdires possano effettuare quell'ancoraggio. E questo ancoraggio dell'energia con la materia deve avvenire prima nelle cellule, perché all'interno delle cellule ci sono il DNA e l'RNA, che sono le uniche strutture che si auto-riplicano e danno forma fisica a tutte le entità viventi che esistono sulla Terra.

La teoria quantistica associata alle interazioni di quark, adroni e gluoni è nota come cromodinamica quantistica. Quindi non sapremo se sarà necessario formulare una nuova teoria per spiegare le infinite interazioni che avvengono tra gli urdires e gli almatrino, e deve essere maggiore dei tre colori identificati per i gluoni. E per riferirsi a queste interazioni attraverso una teoria, potremmo chiamarla "Quantum Urdirodynamics". O forse è che queste forme sono influenzate da un effetto chiamato chiralità, cioè da una combinazione di almatrino per mancini e destrimani.

In modo tale, che ora possiamo pensare, che le interazioni che hanno avuto luogo all'inizio tra le almatrino, hanno creato le condizioni necessarie, in modo che questi stessi tipi di forze di integrazione sono sorti, e nuove particelle sono state prodotte. E sicuramente le diverse forme di massa; e da lì emanavano le infinite forme di energia intelligente che venivano proiettate con la loro forza, velocità e una quantità necessaria di energia, per formare tante forme coscienti, oltre agli spiriti che si diffondevano in tutto l'Universo.

E in aggiunta, che con le forze energetiche che integrano i gluoni, si sono formate altre due classi di particelle; ma si differenziano, e queste sono chiamate piuttosto come bosoni e fermioni. Ma una distinzione fondamentale tra queste due famiglie di particelle è che i fermioni obbediscono al principio di esclusione di Pauli, che stabilisce che non ci possono essere due fermioni identici contemporaneamente allo stesso livello fondamentale, o che stanno occupando un livello con lo stesso numero quantico. Vale a dire che hanno all'incirca la stessa posizione, velocità e direzione di rotazione. Perché questo corrisponde ai bosoni. Per esempio, non ci possono essere due fermioni che hanno una torsione o uno spin $+\frac{1}{2}$, perché la somma della torsione sarebbe 1, e quel valore corrisponde ad un bosone. In questo caso ad un fotone. Allo stesso modo, due bosoni che hanno il valore 1 allo stesso livello quantico darebbero un altro bosone il cui valore energetico è 2, e così via. In modo tale che due fermioni possono occupare lo stesso livello o numero quantico, ma uno di essi, deve avere un valore di spin $+\frac{1}{2}$, mentre l'altro ha un valore $-\frac{1}{2}$. E forse è da qui che sorge il problema della chiralità e delle discrepanze che si formano tra gli spiriti, cioè le battute d'arresto. Per esempio, i gemelli di solito passano il tempo a litigare tra loro.

Significa che le almatrino non possono essere bosoni, perché all'inizio, o quando si sono formate, si sarebbero unite l'una con l'altra per integrarne una sola. In modo tale che gli almatrino sono davvero dei fermioni. E al contrario, i bosoni obbediscono alla regola statistica di Bose-Einstein, e non hanno tale restrizione. Pertanto, i bosoni possono essere integrati l'uno con l'altro, anche se si trovano in identici stati fondamentali. Ma se le almatrino fossero stati bosoni, si sarebbero raggruppati insieme; o fusi, e l'Universo non esisterebbe con le sue galassie, stelle e pianeti. Cioè, non esisterebbero né come corpi né come spiriti, perché non ci sarebbe stata alcuna forza integrante, come gli urdires. Che, evidentemente sono bosoni, perché riescono ad integrare le almatrino e ad integrarsi tra loro, per formare unità energetiche indipendenti e integrità. Per esempio, i gluoni, sono le forze che si uniscono, per trattenere l'energia, in modo che questa energia si mantenga formando la materia, o sotto forma di adroni; e di questi adroni i quark e i leptoni (principalmente gli elettroni, i muoni e i tau) che tra tutti (leptoni e quark) formano tutta la materia che è contenuta nell'Universo.

E così come i gluoni sono sorti, devono aver emanato un altro tipo di forza che ha integrato le almatrino per formare gli spiriti. E se non esistessero questi movimenti rotatori di particelle, che è ciò che genera queste forze integranti, naturalmente gli atomi si disintegrerebbero, o non si sarebbe formato nulla come materia, e l'Universo sarebbe solo energia luminosa ma senza massa.

Perché senza dubbio, perché esista un campo di energia, le particelle devono essere in costante movimento. Per esempio, il campo elettromagnetico è generato da elettroni, solo quando sono in movimento. E il movimento degli elettroni è necessario per generare corrente elettrica, che può passare attraverso le linee o attraverso un circuito elettronico, o, come è stato detto, tra i poli di una batteria, ma non senza approfittare di quella corrente o movimento, in modo che gli elettroni possano fare un lavoro. Perché se il circuito elettronico è scollegato tra i suoi due poli, la corrente elettronica non fluirà e quindi l'attività sarà nulla in quel circuito.

Lo spin di una particella fu scoperto per la prima volta nell'elettrone; e fu grazie al fisico tedesco Ralph Kronig, che suggerì all'inizio del 1925, che questo spin fu prodotto dall'autorotazione dell'elettrone. Ma quando Wolfgang Pauli scoprì l'idea di Kronig, lo criticò, e sottolineò che in quel caso, quell'ipotetico movimento dell'elettrone che girava in sé, avrebbe dovuto essere più veloce della luce, in modo che lo spin fosse abbastanza veloce da produrre il necessario momento angolare. E il fatto di supporre che una particella potesse viaggiare ad una velocità superiore a quella della luce violò di fatto la teoria della relatività di Albert Einstein. Ma questo secondo Pauli. Tuttavia, Kronig aveva ragione; poiché matematicamente parlando, l'effetto di un insieme tangenziale è sommativo e relativistico, ed è per questo che diciamo che due rotazioni da ½ possono essere sommate insieme ed ottenere il valore 1, che è il valore corrispondente ad un bosone.

Ma anche questa proprietà del giroplano scompare quando la velocità della luce tende all'infinito. E questo valore di velocità sopra la luce è stato matematicamente eliminato quando il valore di spin dell'elettrone è stato sostituito da un valore numerico, equivalente alla metà del valore del numero quantico. Cioè, senza tener conto dell'orientamento tangenziale nello spazio. Ma ne consegue anche da questa considerazione, che per i fermioni questa rotazione potrebbe essere di segno opposto: da destra a sinistra o da sinistra a destra, o con direzioni invertite, ($+\frac{1}{2}$ e $-\frac{1}{2}$) ma questo non vale per i bosoni, perché questo numero è un numero intero tra due valori diviso per due: $0/2=0$, $2/2=1$, $4/2=2$, $6/2=3$, e così via.

Ma se vogliamo avere una rappresentazione visiva di queste interazioni, dobbiamo queste idee al fisico americano Richard Phillips Feynman, che si è dedicato a disegnare graficamente queste interazioni, per spiegare il concetto. Così Feynman è riuscito a farli capire, o immaginare attraverso un disegno, come sia che una particella si scontra con la sua antiparticella, per formare ad esempio un raggio di luce. Perché dalla collisione di un elettrone con la sua antiparticella, cioè il positrone, emerge un raggio di luce; e da questa radiazione emanano i quark; poi gli adroni che compongono i quark, e con i quark si formano i nuclei, e così via, come in una complessa cascata di particelle ed eventi, che genera anche la ricerca di spiegazioni, attraverso formulazioni matematiche, per poter modellare o sistematizzare questa raffica di fenomeni fisici. Ma ora immaginiamo le infinite interazioni degli almatrino con gli urdires, che sarebbero davvero enormi per Feynman per disegnarli. Ma immaginiamo che sia stato possibile raggiungere una condizione di energia relativa in equilibrio, e dove non ci fossero più interazioni. O almeno con la stessa intensità dell'inizio, perché l'energia dell'Universo stava diminuendo, nella stessa misura in cui la bolla che contiene l'Universo, stava aumentando di dimensioni.

3

AUMENTO DI MASSA

La massa è una definizione usata per farsi un'idea della quantità di materia in un corpo. È diversa dal peso del corpo. Quando l'energia viene raccolta o intrappolata dalle forze coesive che abbiamo descritto, questa energia, a sua volta, diventerà un'altra forma di energia che chiamiamo massa, ma che non è necessariamente il peso. Perché il peso si riferisce alla forza esercitata dalla gravità sulla massa. Tuttavia, la gravità non influenza il contenuto della massa del corpo. Da qui nasce una certa confusione; per la fisica meccanica, la massa di un corpo è una costante che è influenzata dalla gravità. Mentre per la fisica della relatività, la gravità non influenza la massa di una particella, e questa massa è funzione del movimento di questa particella rispetto alla massa della stessa particella, quando è ferma o in riposo.

Cioè, quando una particella è in movimento, in essa appare una quantità supplementare di massa. Ed è per questo che

Albert Einstein disse a Isaac Newton: "Perdonatemi Newton". Perché per Newton, la massa m è la costante che media tra la forza e l'accelerazione del corpo (f=m.a). E forse lo è, perché il movimento dei grandi corpi è molto lento, quando lo confrontiamo con il movimento delle particelle. Ma in realtà, che questa equazione di Newton non è soddisfatta per le particelle, perché sarebbe impossibile misurarne il peso. Ma in più, nei grandi corpi questa massa, se appare, sarà la stessa quando il corpo è in movimento. Ma sarà una quantità minima di massa, perché, inoltre, scomparirà quando il corpo si ferma. Perché sarebbe impossibile far muovere un corpo grande ad una velocità vicina a quella della luce.

Mentre, attraverso la relatività, la massa m è legata all'idea di definire la massa vera come il valore della forza tra l'accelerazione sperimentata da un corpo quando è in movimento. Cioè, per Einstein $E/m=C^2$; cioè, la massa è correlata all'energia per mezzo di una costante (C^2), mentre per Newton la massa è l'unità costante. Ma forse la cosa trascendentale di questo fatto è che questo fenomeno è stato dimostrato sperimentalmente. In tal modo, questo è stato definitivamente chiarito, grazie alle grandi e audaci idee relativistiche di Albert Einstein, che prevedeva che l'energia si sarebbe trasformata in massa e la massa a sua volta si sarebbe trasformata in energia, quando questa massa si muove ad alta velocità e viceversa. Ma Albert Einstein non ha mai fatto riferimento al peso dei corpi.

Facciamo un esempio per immaginare quando l'energia diventa massa: in una tazza di caffè, l'energia è intrappolata nella sostanza che forma la massa della tazza, ma è anche intrappolata formando la pianta della pianta del caffè, da dove sono emersi i chicchi di caffè, che non è altro che energia ugualmente intrappolata. Poi l'energia è stata intrappolata nei chicchi sotto forma di caffeina, così l'infusione o bevanda di caffè contiene anche acqua, dove l'energia è stata intrappolata formando atomi di idrogeno, che a loro volta sono stati intrappolati con atomi di ossigeno, e così via. E in questo modo, l'energia ha attraversato una serie di fasi di trasformazione, fino a diventare diverse forme di massa, che si sono consolidate energeticamente. Ma poi la massa è stata trasformata in diverse forme di massa. E la forza di gravità può agire sui pesi che formano la massa, perché se non c'è gravità, naturalmente non ci sarà peso, ma la mancanza di gravità non può far scomparire la massa dei corpi.

E in generale, qualsiasi corpo solido, qualunque esso sia, è in realtà costituito da particelle, la cui energia è condensata in forma di massa, perché l'unica cosa che si genera nell'Universo è l'energia. E quando una forza energetica viene applicata ad una singola particella, per metterla in moto, se questo movimento si avvicina alla velocità della luce, questa particella creerà una massa aggiuntiva, ma relativa alla sua massa inerziale. E l'Universo è in movimento grazie a queste forze energetiche. Ma insieme a questo movimento di particelle nell'Universo, apparirà una quantità di massa m, che sarà relativa o addizionale alla massa restante $m0$ di quella particella. In modo tale che la massa reale può apparire solo quando la particella sperimenta un movimento, e poi può dissiparsi verso altre forme di energia, quando la velocità cambia verso valori relativamente maggiori o minori.

Ma se su questa massa relativa formata, appaiono altre forze che le frenano e le integrano, allora la massa rimarrà condensata. E a seconda dell'intensità di queste forze, i corpi solidi si formeranno o si disintegreranno. E in questo modo si mantiene un incredibile dinamismo, che forza un'attività energetica e un movimento perenne dell'Universo, tra energia e massa. Ma anche tutto ciò che esiste nell'Universo. E perché l'Universo esista, tutto ciò che esiste nell'Universo deve necessariamente essere in movimento. E nulla può essere immobile.

E finché continua ad apparire, o ad essere creato da quell'energia, dalla massa relativistica e viceversa, concludiamo che l'Universo non smetterà sicuramente di crescere. Questo non deve preoccupare anche noi esseri umani, perché questa grande attività è in corso da 13.800 milioni di anni e nulla la ferma. E questo tempo è relativo ad un istante di $1,45 \times 10^{-5}$ anni, se lo confrontiamo con il tempo che un essere umano di 80 anni può aver vissuto sulla Terra. Così avremmo ancora molto da fare, perché appariranno nuove galassie e, con esse, nuovi pianeti.

Ma uno dei compiti più immediati, e questo è ciò che vogliamo ottenere con questo libro, è contribuire a cambiare il modo assurdo di agire di alcuni esseri umani. Vale a dire, sensibilizzare il suo grado di coscienza, in modo che questi meritino di abitare quei nuovi spazi che si creeranno nel nostro inarrestabile Universo. In modo tale, che la cosa primordiale sarebbe vivere con un certo ordine all'interno di questo grande caos, perché è proprio questo che dovrebbe configurare l'essenza dell'Essere umano. Vale a dire, ciò che modella l'Universo come materia ed energia sotto forma di spirito, il che equivale a dire che è formato dalle almatrino con la forza energetica indistruttibile che integra gli urdires. E questo insieme energetico è ciò che anima l'esistenza di tutti gli esseri viventi senza eccezione. Ma questa energia appartiene a tutti, e non riguarda esclusivamente gli esseri umani.

In modo tale che l'Universo stesso non è altro che un sistema fisico-chimico, la cui crescita non può essere rallentata, a meno che tutta l'immensa energia generata non sia solidificata sotto forma di massa, il che sarà ugualmente impossibile. E solo che saremo in grado di cavalcare i corpi creati, o tremare liberamente su di essi, perché possiamo realmente muoverci molto più velocemente di quanto questi corpi facciano nello spazio.

Ma se il 50% dell'energia generata dovesse diventare massa, ciò dovrebbe avvenire entro 175 miliardi di anni, cioè quando $E/m=1$. Ma poiché l'energia è contenuta più efficacemente sotto forma di massa, finora la quantità di energia che è diventata massa rappresenta il 4%. Ma forse, che questa quantità è davvero un punto di equilibrio tra l'energia libera, e la maggiore quantità di energia che è stata immagazzinata o intrappolata sotto forma di materia. E forse quel valore del 50% non può essere raggiunto, perché apparirà sempre una nuova quantità di energia, che in realtà viene solo dal movimento. E con questa forza si sta creando anche il nuovo spazio. E per poter attraversare quel nuovo e immenso spazio creato, l'unico modo per raggiungerlo è che possiamo viaggiare ad una velocità equivalente al cubo della velocità della luce. Se è così per quel momento, continuiamo a prendere come riferimento quel valore della velocità della luce; perché non sappiamo se apparirà un altro modo di fare riferimento ai nostri concetti, ignorando la fisica attuale.

E cominciamo a contare da lì il fenomeno del tempo, che è utile solo per avere un'idea del prima e dell'ora. E sarebbe meglio visualizzarlo come un momento eterno, perché ciò che è già accaduto non può ripetersi, almeno allo stesso modo, ma gli eventi continueranno ad apparire costantemente, dal momento in cui l'Universo era solo una piccolissima bolla.

L'Universo è ora, ma sarà ancora molto grande per noi come corpi fisici, ma forse piccolo se riusciamo a muoverci con la velocità a cui si muovono le almatrino. E l'unico modo per attraversare l'immensità dell'Universo, è che possiamo muoverci con grande velocità. Perché per esempio, se vogliamo raggiungere il centro della nostra Via Lattea come spiriti fatti dalle almatrino, ci vorrebbero circa 9 secondi per fare quel viaggio. Una distanza che ci vorrebbe la luce per fare quel viaggio, circa 25.000 anni. E giusto per avere un'idea, entro 175 miliardi di anni, l'Universo avrà raggiunto una dimensione equivalente a 12 volte la sua dimensione attuale.

Per quanto riguarda la luce, il fenomeno dei fotoni, è stato proposto da Albert Einstein, che ha saputo prevedere brillantemente che in realtà la luce non viaggia in forma d'onda, ma come pacchetti di particelle, che Einstein ha chiamato fotoni. Il cui termine deriva dal fenomeno fotoelettrico. E la forma e la varietà di queste frequenze, è ciò che ci induce a pensare, che gli urdires potrebbero adottare forme energetiche diverse, motivo per cui invece dei colori, come nei gluoni forse potremmo chiamarla piuttosto tonalità. Perché risulta che questa teoria per spiegare il fenomeno fotoelettrico è stata dimostrata anche sperimentalmente, dal fisico americano Robert Andrews Millikan. E senza entrare nei dettagli, perché qui siamo interessati solo al fenomeno fisico, Einstein ha dedotto che l'energia di un singolo fotone è data da $E = h\upsilon$, dove υ è la frequenza della luce incidente e h è la costante di Planck. O che $h\upsilon_0 = E_0$ nel livello fondamentale o dove l'energia cinetica è minima, cioè non c'è praticamente nessun movimento; e quindi anche la frequenza υ_0 è la frequenza minima. E applicando il concetto all'effetto fotoelettrico, Einstein ha scritto, che $h\upsilon=E_0+K_{max}$. K_{max} rappresenta la massima energia cinetica che l'elettrone può avere, e che è sufficiente a rilasciare un altro elettrone al materiale fotoelettrico. E quando υ è inferiore a υ_0, i fotoni continueranno ad essere individuali, non importa quanto siano, come ha dimostrato Millikan. Questo significa che l'intensità della radiazione luminosa non è importante, perché i fotoni avranno energia sufficiente per espellere i fotoelettroni. Ma è la forza che integra il materiale che non gli permette di perdere i suoi elettroni. Perché questa quantità di energia E0 è caratteristica della sostanza, e si dice che sia una proprietà chiamata funzione di lavoro della sostanza.

In modo tale, che rendendo simile la forza energetica tra gli urdires e gli almatrino, questa energia che si è formata, è anche individuale, e naturalmente non c'è più una forza energetica nell'Universo, che è capace di rompere la forza integratrice degli urdires con gli almatrino, o che è sufficiente a superare la funzione del lavoro degli spiriti per disintegrarli.

D'altra parte, abbiamo dimostrato dall'equazione di Einstein che tutti i tipi di materia sono assolutamente reali. Ma Einstein assunse il contrario. Poiché se Einstein ha detto che l'energia deve necessariamente essere reale, dobbiamo assumere, perché la materia è in realtà l'energia che si è condensata, o da cui si è formata la massa, naturalmente, che possiamo ragionare, che tutte le forme di materia devono essere ugualmente reali. E tutto ciò che esiste nell'Universo è reale. E non possiamo dire che l'Universo è un ologramma, o che la sua materia è nata in qualche modo dall'antimateria.

Tuttavia, a seguito del passaggio a queste particelle, se dopo un po' di tempo, queste particelle di materia elementare con carica elettrica in eccesso, e quindi negativa, si ottengono con il suo opposto, cioè con un'altra particella elementare identica ma con un deficit di carica, o positivo, che identifichiamo come antimateria, solo come un modo per differenziarle. Ma quando queste due particelle si incontrano, si annienteranno a vicenda. E ciò che rimarrà dopo quella collisione è effettivamente una radiazione luminosa. Vale a dire, cioè, dalla materia e dall'antimateria, l'energia riemergerà.

Ma forse la cosa più interessante è che da quella stessa energia luminosa, può emanare nuovamente la materia e l'antimateria, che sono eventi che non potranno più fermarsi. E se la materia è stata formata da una forza in grado di tenerla insieme, allora, naturalmente, l'energia può essere intrappolata, finché non sorgono altre forze sufficienti a disintegrarla di nuovo. Mentre in altri casi, le forze integranti possono essere così deboli che la materia si disintegrerà da sola o spontaneamente, o per l'incidenza di un solo raggio di luce visibile, come il fenomeno fotoelettrico, la fosforescenza e la fluorescenza. E l'intero fenomeno rientra nel termine luminescenza. E per quanto riguarda gli esseri viventi, il processo è noto come bioluminescenza, quando la luce viene convertita in immagini, e sonoluminescenza, quando la luce viene convertita in suono, da molecole che esplodono e si formano nuovamente come se fossero piccole bolle.

Ma, tra le altre osservazioni, tutti gli antineutrini (o neutrini con carica positiva) osservati finora, hanno a loro volta una chiralità, come Kronig ha osservato, e che la direzione di questa svolta è di destra. In altre parole, il suo senso di rotazione è da sinistra a destra. È come immaginare un vortice di vento terrestre, il cui vortice di svolta è da sinistra a destra. Mentre i neutrini elettronici (o neutrini con carica negativa in eccesso) sono mancini. O che hanno un'elica rotante che si avvolge sul lato opposto; o che i loro vortici rotanti sono da destra a sinistra. E questa è un'osservazione estremamente importante per comprendere la proprietà o il comportamento della materia; e quindi il carattere di noi stessi come corpi e come energia.

E questo ancora una volta, ci costringe a supporre che la quantità di neutrini elettronici, cioè quei neutrini con eccesso di carica negativa, sia diventata più abbondante, rispetto alla quantità di antineutrini, perché le forze che inducono la disintegrazione spontanea sono diventate sempre meno numerose, o non erano più sufficienti a favorire la formazione di più antineutrini. Poiché la cosa più logica sarebbe stata che la quantità di materia e di antimateria era rimasta invariabile, dal momento stesso in cui l'Universo ha cominciato a formarsi. Cioè, se i raggi di luce si fossero spenti nella stessa direzione, naturalmente la quantità di neutrini sarebbe stata completamente annichilita con una uguale quantità di antineutrini. Oppure, come si è detto, gli almatrino devono essere fermioni ma non bosoni. In altre parole, se tutti i neutrini con antineutrini fossero stati annientati, la materia non esisterebbe; e il nostro Universo sarebbe come un deserto inospitale e radioattivo pieno solo di luce, o sarebbe solo energia senza alcun tipo di materia. Cioè, non esisterebbe una forma di energia intrappolata o condensata dalla forza elettronica degli atomi per mezzo dei gluoni. Ed è solo a causa di quell'apparente anomalia cosmica che oggi abbiamo più materia che antimateria. E quella differenza di forza energetica, o cariche, e annientamento, l'emergere di radiazioni, ecc. è ciò che mantiene l'Universo in costante movimento, ma anche, grazie ad esso, è che possiamo dire che esistiamo. Perché se fossimo bosoni ma non fermioni, allora le almatrino si sarebbero fuse in una sola. Ma anche, non ci sarebbero stelle, galassie, pianeti, pianeti, fotoni, molecole, DNA, buchi neri, e così via. Vale a dire che non esisterebbe nulla a proposito della materia.

4

LA MASSA RELATIVISTICA DI EINSTEIN

E così il piccolo Universo si svegliò dal suo letargo o quiete. E si formò la quantità minima di massa che rimase come m_0. E quando il valore dell'energia minima E era uguale al valore della massa minima, cioè quando m_0/E nell'equazione $U=m_0C^3/E$, è diventato uguale a uno, in quel preciso momento la velocità degli almatrino è diventata uguale al cubo della velocità della luce. $U=C^3$. E l'energia E è stata resa uguale a m0 ($E=m_0$). E nello stesso tempo, quella velocità ha creato la massa m, dall'energia E ($E=m$), che è diventata relativa alla massa m_0. E la massa è stata riconvertita in energia. Poi, o immediatamente, sono state create le forze di integrazione o di agglutinazione. E una volta raggiunto questo punto, in quello spazio minimo, furono date e raggiunte le condizioni necessarie, che disturbarono quel piccolo sistema, che fino a quel momento era immobile, e da lì fu dato l'inizio della formazione dell'Universo, circa 13.800 milioni di anni fa.

E proprio come Wolfgang Ernst Pauli quando propose i neutrini, abbiamo osato chiamare quelle particelle che hanno motivato la gestazione dell'Universo, come le particelle veramente elementari tra le più elementari. Vale a dire, le almatrino. E da queste, o per quell'accelerazione degli almatrino da un valore di velocità zero, l'energia E divenne infinita; e quella enorme energia sorta, rispetto a quella piccola bolla, fu ciò che creò il movimento, e si formò la massa di Albert Einstein. e ancora una volta fu la stessa energia che formò altre particelle, come i neutrini. E poi seguirono le forze che uniscono o agglutinano; cioè gli urdires, i fotoni, i bosoni, i fermioni e i gluoni; e con essi gli adroni; e con gli adroni, i quark, e con la forza integrante dei fotoni, gli elettroni che formavano la famiglia dei leptoni, e tra i quark e i leptoni, si è formato tutto ciò che possiamo fisicamente vedere nell'Universo. E con gli almatrino e gli urdires, arrivarono infinite tonalità o diversi tipi di energia cosciente, e tra questi gli spiriti. E tutto ciò che esiste e ciò che vediamo, ma anche ciò che non vediamo.

E sarebbero stati liberi, solo le altre almatrino che non sono riuscite a integrarsi, perché l'energia necessaria per unirle svanisce. Ma le almatrino continueranno ad essere le particelle più piccole che esistono, e quelle che si possono formare saranno in maggiore proporzione, o si accumuleranno a formare parte, forse di materia ed energia oscura che riempie tutto lo spazio che è andato e si sta formando. O quello che ora costituisce l'intero Universo. E possiamo dire, come per l'Universo, che l'onda espansiva si allontana continuamente verso la periferia di una sfera enorme, il cui raggio è sempre più grande.

Ma Albert Einstein aveva ragione, quando ha stabilito che se una particella si muove ad una velocità, almeno vicina a quella della luce, quella particella creerà una quantità di massa relativa, dalla sua massa inerziale o di riposo. Perché il rapporto tra l'energia e il quadrato della velocità della luce è proprio la massa ($E/C^2 = m$). Secondo quanto Albert Einstein aveva previsto correttamente.

Così l'altissima velocità delle almatrino ($UE/C^3=m$) maggiore della velocità della luce, fece apparire la massa m, che sarebbe una massa minore della massa di Einstein, perché invece di C^2 trovato nell'equazione di Einstein, nella nuova equazione dedotta, appare nel denominatore la velocità della luce C, elevata al cubo (C^3). Ma anche se questa massa è più piccola della massa di Einstein, coinvolge anche la velocità della particella U, ma anche questa nuova massa, anche se molto piccola, ha un segno positivo, così come l'energia, questa massa è reale, ma non può mai essere immaginaria. E questo ha davvero più senso di quello che Albert Einstein aveva originariamente sollevato.

E questa massa minima, divenne di nuovo diverse forme di energia, compresa l'energia che veniva generata sotto forma di calore, e così cominciò a riscaldare l'Universo. Solo che lo spazio iniziale era molto piccolo, così relativamente, che le interazioni erano molto intense, quando l'Universo stava ancora raggiungendo le dimensioni di un globo viaggiante. E ancora una volta l'energia divenne massa, fino a quando tutto questo causò la formazione di un sistema violento e instabile, che si autoalimentava come un boomerang e allo stesso tempo diceva, si formava e si disintegrava da solo attraverso un processo che non può più essere fermato. Egli stesso forma la massa e l'energia che mantiene il sistema perennemente eccitato da solo. E sappiamo già che se non c'è movimento tra le particelle, naturalmente non ci sarà nemmeno la generazione di cariche elettroniche; e sarebbe l'unico modo per mantenere il sistema inattivo. In modo tale che il processo deve essere necessariamente motivato o attivato da un movimento costante. E sarà estremamente difficile che l'Universo si spenga.

Ma l'unico modo per placare l'intensità di questi magnifici eventi è che l'enorme quantità di energia generata per solidificare o condensare in massa, e in questo modo l'energia può essere tenuta confinata o unita dalle forze energetiche formate da bosoni, gluoni, adroni, quark, quark, leptoni, urdires, fotoni, ecc.

E poi sono sorte le forze elettromagnetiche che tengono insieme gli atomi; così come l'elettrone che ruota attorno ad un nucleo, da lì le molecole, e con esse l'energia in forma di materia che diventa visibile e malleabile per trasformarle in altre forme altrettanto infinite di sostanze. Ma questa è solo una combinazione di massa e massa, e perché una si formi, un'altra deve disintegrarsi, e in questo scambio interviene un solo trasferimento di energia, anche se non necessariamente di massa. E queste nuove masse non sono nient'altro, sono la stessa energia che emanava, ma che ora è solidificata.

Da quello scambio o interazione nascerà anche il DNA, da queste cellule, e da questi corpi, che servono come involucri per essere occupati dall'energia che si è consolidata in forma di coscienza e come spiriti. Anche se sarebbe molto difficile sapere se gli altri tipi di energia che formano i corpi viventi, non sono coscienti di se stessi, perché io personalmente sono riuscito a "parlare" con una rondine e un colibrì. O chi non è stato in grado di comunicare con il proprio cane o gatto, per esempio?

Ma speriamo che il pianeta non sarà distrutto prima che altre menti brillanti dell'uomo possano fare quel grande salto per individuare gli almatrino. E sembra che il tempo non basti, perché altre menti, subumane o umanoidi, vivono aggrappate all'ambizione di voler distruggere e dominare gli altri sul pianeta (diritti contro i mancini) e penetrare la Terra per distruggerla ed estrarre il proprio corpo, sostenendo che sono risorse che appartengono solo a loro, come se la Terra corrispondesse solo ad un gruppo per decreto o segnalazione preferenziale e divina.

L'egoismo ha preso il sopravvento su alcune menti umane, che danno valore solo a ciò che fa parte del materiale, per cercare di trasformarlo in denaro in qualsiasi modo. E vogliono anche acquistare la capacità analitica di altri; purché questi ritardati, con il loro denaro, possano trarre vantaggio economico da ciò che altri hanno creato, o che ha un valore che può essere trasformato in denaro.

In questo senso, vivere in un mondo così fisico sarebbe di fatto un atto assurdo. E quando ognuno prende coscienza della propria origine, o come almatrino integrate dalla forza energetica indistruttibile degli urdires, e con il pensiero, solo così raggiunta, l'umanità e la nuova umanità possono cambiare. E chi per qualche usanza, o potere economico insiste a piegarne altri senza ragione, ma con la chiara intenzione dell'economico, dovrà essere portato su quei pianeti primitivi o meno evoluti, in modo che da lì, come materia e antimateria si annullano a vicenda, possa emergere da essi un'energia trasfigurata, che può essere più utile, o che non persiste nel continuare a danneggiare la coesistenza armoniosa del grande Universo. E in generale, per non violare il diritto di vivere che assolutamente tutti gli altri esseri che esistono hanno, e quelli che occuperanno nel loro momento, la Terra come loro dimora o casa solo temporaneamente.

Tutte le forme di vita energetica e fisica sono fatte di almatrino e l'energia degli urdires, quindi tutti hanno assolutamente lo stesso diritto di formare corpi fisici sulla Terra, con la loro grande varietà di forme e i loro diversi processi e scopi biologici. Ma purtroppo questa catastrofe energetica è avvenuta, anche se altri esseri sono arrivati milioni di anni prima di noi, che sono appena arrivati 200.000 anni fa; ma in meno di 200 anni abbiamo distrutto tutto ciò che la natura ha impiegato 200 milioni di anni per costruire. E come abbiamo detto, ci rimangono solo 2 minuti rispetto al tempo dell'Universo, per evitare la completa distruzione del Pianeta Terra.

E l'umanità disumana, dovrà cambiare definitivamente verso un comportamento migliore, quando, come società, capisce che tutta quell'ambizione politica è assurda, che porta anche alle guerre tra fratelli, semplicemente per voler gestire le risorse economiche che appartengono solo alla Terra. Perché la conoscenza disorientata, o in questo modo, non è usata come occasione per guidare coloro che sono confusi come veri pastori. E questo comportamento irrazionale esiste solo sulla Terra.

Ma, infine, comprendiamo che questo viene fatto solo da quegli individui che sono in quel processo, o che costituiscono il 35% di quelli che ancora non meritano il titolo di esseri umani, ma umanoidi, perché agiscono solo per istinto, e a volte peggio, di quanto essi stessi si qualificano come animali.

5

PERDONAMI, EINSTEIN

L'equazione di Einstein può essere scritta come $E=(m-m_0)C^2=\Delta mC^2$ dove m è la massa che la particella acquisisce, solo durante il suo movimento alla velocità della luce C; e, m_0 è la massa della particella quando è ferma; o senza movimento.

Ma forse, come abbiamo detto, la cosa più significativa o trascendentale di questa brillante deduzione, nata dalla mente di Albert Einstein, è che questa equazione potrebbe essere testata sperimentalmente, per quelle particelle le cui dimensioni sono su scala subatomica.

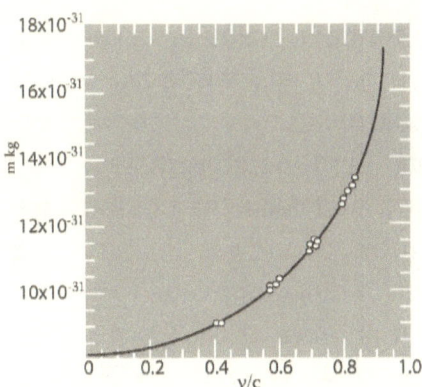

Un grafico che mostra la crescita della massa di un elettrone, mentre la sua velocita' aumenta.
Figura 1

E quello che abbiamo fatto è stato estendere il ragionamento di Albert Einstein alle particelle più piccole che esistono, per immaginare come la massa m sia sorta dalla massa restante m0, quando l'Universo non esisteva ancora. E da lì è sorta la massa che possiamo vedere, perché ciò che non è stato condensato sarà difficile da rilevare, o impossibile da vedere con occhi fisici o da questa prospettiva tridimensionale.

E come mostrato in Figura 1, Bucherer e Neumann furono in grado di dimostrare nel 1914 come la massa di un elettrone aumenta all'aumentare della sua velocità rispetto ad un osservatore. E questo fu senza dubbio un evento che rivoluzionò la fisica, perché con questo esperimento era possibile dimostrare che la massa nasceva dal movimento della stessa particella. E così la legge di relatività e la massa di Albert Einstein furono stabilite in modo inequivocabile e definitivo. La linea curva è un grafico della radice quadrata della massa di Einstein m: $m = m_0 \sqrt{1 - v^2/C^2}$. (radice quadrata $\sqrt{}$) E i cerchi di valori sperimentali sono stati adattati dai dati di Bucherer e Neumann.

Ma forse, quello che Einstein non poteva vedere, è che in realtà la curva tende in realtà al valore infinito, quando la velocità U/C della particella tende alla velocità C, cioè quando U/C tende al valore 1 ($U/C \rightarrow 1$) come si può vedere in Figura 1. E da lì si dice: Perdonatemi Einstein, perché in realtà, e veramente, ci sono particelle che possono muoversi più velocemente della luce; o $U/C > 1$. Il che è significativo, perché quando la velocità della particella è maggiore, anche la massa acquisita sarà maggiore, o $UE/C^3 = m_0$. E poiché C^3 è una costante, possiamo chiamarla $\psi = C^3$, il che significa che $m_0 = UE/\psi$, in modo tale che la massa m è apparsa per una proporzionalità della velocità U della particella, con la sua energia E. E questo, possiamo dire, in onore di Albert Einstein, che è la massa m di Einstein. Ma che poi la massa m di Einstein rimarrebbe agglutinata, quando su di essa agiscono altre energie con sufficiente forza integratrice.

E in generale è stato dimostrato che per tutti i tipi di energia, a differenza dell'energia potenziale o di riposo, queste energie appaiono solo con l'azione di qualche movimento. Per esempio il lavoro ω, è il risultato dell'applicazione di una forza su un corpo per spostare una distanza d. $\omega = F.d$. In modo tale che l'energia in forma di lavoro ω, apparirà solo quando la forza F viene applicata sul corpo. O forse l'altro esempio è quando comprimiamo una molla e le diamo una potenziale energia elastica U, allora la massa della molla aumenterà da m_0 a $m_0 + U/C^2$, o quando aggiungiamo una quantità di calore Q a qualsiasi oggetto o sistema, la massa aumenterà in quantità Δm; essendo $\Delta m = Q/C^2$.

E così si arriva al principio di equivalenza tra massa ed energia, che stabilisce che: per ogni unità di energia E di qualsiasi tipo, fornita ad un oggetto materiale, la massa dell'oggetto aumenterà di una quantità data da $\Delta m = E/C^2$. E questa è la famosa equazione di Albert Einstein; cioè l'equazione $E = \Delta m = E = mC^2$ che ha rivoluzionato, e in gran parte chiarito, buona parte dei grandi enigmi dell'Universo. Ma noi continuiamo con questo processo, di come si sono formati, o da dove l'Universo e gli spiriti sono realmente sorti.

E in questo modo, tutta la massa restante o m_0 dell'Universo poteva essere creata. Perché quando U/C^3, o U/ψ è stato fatto uguale a 1 (uno), l'energia E dell'almatrino è diventato uguale alla massa di riposo m_0, $(E = m_0)$ così che l'energia è chiamata anche energia di riposo E_0. $E_0 = m_0$.

E Albert Einstein scrisse:

CARLOS PARTIDAS

"La fisica, prima della teoria relativistica, contiene due leggi di conservazione, che hanno una grande importanza: la legge di conservazione dell'energia e la legge di conservazione della massa. E queste due leggi appaiono lì, come complementi l'una all'altra. Ma con la teoria della relatività, entrambe le leggi si fondono in un unico principio".

Naturalmente, Einstein qui si riferisce al fatto che nella fisica classica la massa è una costante quando un corpo viene accelerato; cioè la massa di Newton; mentre nella teoria della relatività la massa è relativa alla velocità della luce e alla massa reale di riposo.

Siamo così giunti al punto in cui una sola parola sarebbe necessaria, ma che sarebbe in grado di esprimere con la massima emozione ed esaltazione tutto ciò che si può dire e sentire; ma questo è limitato a noi dal modo in cui ognuno può scriverlo per esprimerlo. Ma fu così che, oltre all'emergere dell'Universo dalle almatrino e dagli urdires, e da questi l'energia cosciente stessa; cioè gli spiriti, si formarono anche i grandi dati, per la salvaguardia delle più immense informazioni di successione genetica che possono esistere in tutto l'Universo visibile. Per queste unità sequenziali formano le configurazioni determinate, definite, definite, caratterizzate e infinite, cosicché da questi dati cifrati o le tonalità yotta formate dagli almatrino con i loro urdires, formarono le unità di coscienza $1 \times 10^{24.}$ Ma da questa condensazione di energia si è formato il DNA. ma molti credono che la prima RNA fosse come un ribozyme, cioè una RNA che può replicarsi da sola, e da lì sono nate le infinite configurazioni di cellule, che a loro volta sono state organizzate per formare ciascuno degli esseri viventi: Diciamo ancora una volta, da un essere unicellulare qui, e un altro là, un altro microscopico, una pianta, e dove metà delle informazioni saranno incise da un singolo seme, o una spettacolare salamandra, perché in essa il suo spirito sotto forma di energia formata da almatrino, riesce persino a replicarsi come se fosse un ribozyme, o a rigenerare i suoi arti amputati. Oppure il pesce cauto nel profondo dell'oceano, che sembra molto cauto dalla sua grotta che serve da rifugio, perché ci sono molti predatori alla caccia... E 'un mondo meraviglioso. E questo potere di creazione ha raggiunto un essere umano, che emerge solo quando le almatrino e gli urdires prendono come residenza la massa che è diventata un corpo.

E il punto di partenza per un nuovo inizio dipenderà dalla sequenza in cui queste informazioni sono state memorizzate nella memoria dello spirito dagli almatrino. Ma ogni volta che c'è una nuova opportunità, ci sarà un aggiornamento di quelle infinite configurazioni e possibilità, che offre solo quei dati accumulati in forma quantistica.

Ma il fatto che l'energia e la materia siano state conservate a quei livelli molecolari, come osservato da Antoine Laurent Lavoisier, come lavoro di ragionamento scientifico, è qualcosa che non è riuscito ad entrare nel ragionamento analitico di Albert Einstein. In quanto, per Einstein, la materia e l'energia erano conservate solo a livello di atomi e molecole. Così Einstein aveva molti dubbi, che lo stesso sarebbe accaduto per quelle particelle subatomiche. In questo modo, che Einstein immaginerebbe, che quando cercava di proiettare sullo schermo della sua mente il movimento delle particelle a livello subatomico, in questo caso la massa diventava davvero energia e l'energia tornava ad essere massa, cosa diversa da quella di Lavoisier, quando la massa si trasforma in un altro tipo di massa, e l'energia in un'altra forma di energia. Perché nel caso di Lavoisier la massa non è in movimento. E al momento o a causa della sua grande velocità, la massa delle particelle deve necessariamente diventare quella che era, cioè l'energia.

Ma si scopre anche che Albert Einstein è riuscito a mettere in relazione questi movimenti solo relativamente alla velocità della luce, perché questo effetto luminoso è la traccia lasciata da ciò che Einstein chiamava pacchetti energetici o fotoni, ed è l'unica cosa che può essere vista come scoppi. Ma in aggiunta, è il massimo che può essere misurato in modo ugualmente relativo. Speriamo ora che ψ sia una costante assoluta di velocità per una particella elementare.

Perché assolutamente, che la velocità di una particella U, equivale alla velocità della luce elevata al cubo. Cioè, C^3, ovvero, 300.000 km/sec, elevati al cubo. O la velocità assoluta di una particella ψ=27.000.000.000.000.000 km/sec E questo è un valore di una costante di velocità, veramente enorme per l'immaginazione della mente umana.

Ed è stato certamente così, che infatti, con questa definizione della massa di Albert Einstein, è stato possibile analizzare il comportamento cinetico di queste particelle a livello nucleare. E infatti, questo ha cambiato per sempre il concetto che era radicato nel pensiero scientifico riguardo al movimento delle particelle, perché si poteva dimostrare sperimentalmente che in realtà la massa è creata dall'energia. E per questo è necessario che la particella sia solo in movimento. Perché se la particella è ferma, non ci sarà alcun cambiamento in essa.

E nello stesso modo in cui si è formato l'Universo, quando il piccolo spazio ha cominciato ad essere disturbato. E in quel momento, gli almatrino riuscirono ad accelerare fino a quando riuscirono a muoversi con una velocità di 27.000.000.000.000.000 di chilometri al secondo. E hanno creato tutta l'energia esistente nell'Universo, come unico risultato di quell'immenso movimento di alcune particelle molto piccole; senza carico e senza massa, perché solo il movimento era necessario per creare un'energia minima che in seguito sarebbe stata trasformata in una quantità minima di massa. E ci sarà solo la crescita dello spazio, quando c'è un movimento.

6

VELOCITÀ DEGLI ALMATRINO

E uno degli eventi più sensazionali per la scienza è accaduto, perché l'idea di Albert Einstein è stata dimostrata. Cioè, quando una particella subatomica si muove ad una velocità paragonabile a quella della luce, quella particella acquisisce massa da sola. Ma questo deve essere così, perché, come si è detto, la massa in movimento acquisisce energia e questa energia si trasformerà in massa. Ma il problema sperimentale sarebbe stato che all'epoca gli acceleratori di particelle erano, per così dire, molto rudimentali e, con i dati ottenuti, era possibile solo estrapolare matematicamente il carattere progressivo del fenomeno. O perché la forza di accelerazione raggiunta non era sufficiente a raggiungere almeno la velocità della luce. Ma in più, se li confrontiamo, le particelle utilizzate per l'esperimento, queste erano molto più grandi delle almatrino. Anche se i rivelatori più moderni, o per quanto sensibili, non saranno in grado di registrare queste particelle, perché gli almatrino le attraverseranno senza lasciare alcuna traccia.

In modo tale, che non potevamo fingere di osservare il fenomeno in modo più chiaro e più ampio, per andare oltre $U/C > 1$; cioè, quando U è maggiore di C, o C è minore di U, perché era impossibile utilizzare una particella che si muoveva, almeno ad una velocità più veloce della luce; cioè, C. Ma era ancora meno pensabile, poter immaginare la velocità di un almatrino, né si sospettava che l'almatrino esistesse. Così Albert Einstein, non poteva, o non voleva vedere oltre l'estrapolazione, e si limitava solo ad analizzare il fenomeno, quando $U/C < 1$, perché concludeva che nulla poteva viaggiare ad una velocità superiore a quella della luce. Se così fosse stato, una massa m che potesse essere spostata come C sarebbe stata convertita istantaneamente in energia. O forse, perché la luce è l'unica cosa che possiamo osservare con l'occhio fisico, anche se in modo relativo. E sembra che nessuno volesse o voglia vedere quando $U/C > 1$ perché questo viola la teoria della relatività di Albert Einstein.

Ma è bene ricordare che la capacità di accelerazione di questi dispositivi dipende dal raggio, cioè dal diametro del loro disegno fisico. E la velocità delle particelle non dipende dalla frequenza dell'energia, ma le particelle più veloci si muovono in cerchi più grandi e quelle più lente in cerchi più piccoli. Ad esempio, l'acceleratore sotto le montagne ginevrine ha una lunghezza circonferenziale di 27 chilometri. Tuttavia, la speranza che si possano raggiungere velocità superiori a quelle della luce, non svanire in me, perché gli scienziati cinesi inizieranno nel 2030 la costruzione del CEPC (Circular Electron Positron Collider), un acceleratore di particelle che avrà una lunghezza di circonferenza di 100 chilometri nel suo percorso. E speriamo che questo concetto di almatrinos può raggiungere le mani di qualche scienziato cinese, in modo che almeno cercare di eseguire in questo nuovo acceleratore, collisioni di particelle, a velocità superiori a quelle raggiunte finora nell'acceleratore di Ginevra. O per cercare queste particelle, che sono le più piccole esistenti.

E l'equazione $\mho = m_0 C^3 / E$, è la cosa più semplice che si potesse dedurre, per spiegare un fenomeno estremamente complesso. Ma questa equazione apparentemente semplice spiega come si è formato l'Universo; e poi gli spiriti. Ma è stato dedotto da un'altra equazione molto semplice che Albert Einstein ha dedotto: $E = m C^2$. E la formazione dell'Universo, e tutto ciò che esiste al suo interno, ha senza dubbio un significato e una traiettoria logica e semplice. E forse la complessità del problema, lo mettiamo al momento della ricerca e della messa in ordine di tali spiegazioni, come il fenomeno di poter viaggiare relativamente verso eventi futuri. Diciamo relativamente, perché questi viaggi sono relativi ad una persona, o per quelle particelle che si muovono ad una velocità inferiore a quella della luce.

E tutto quello che dobbiamo fare è cercare spiegazioni, o sapere come è che l'energia diventa materia, e poi come la materia diventa progressivamente altri tipi di materia, e l'energia diventa energia. Ma è sempre la stessa materia proveniente dalla stessa energia, che è l'unica cosa che viene creata da questa inarrestabile attività dell'Universo. Perché l'equazione che ha formato l'Universo si esprimerà in modo molto semplice, come:

$$\mho = m_0 \psi / E$$

Naturalmente ψ, è una costante di proporzionalità, e gli almatrino non hanno massa, ma non si può dire che è zero, perché se consideriamo che m0 è zero, faremmo scomparire mate-maticamente il fenomeno. In modo tale che dobbiamo dire che la massa tende al valore zero, ma non può essere esatta-mente zero, e possiamo considerare m_0 all'interno di un'altra costante che chiameremo $\Omega = m_0 \psi$. Oppure che il valore di quella massa è il più piccolo che può esistere. In modo tale che $E = \Omega / \mathrm{U}$.

Quindi: $E = \Omega / \mathrm{U}$. E l'energia E non esisteva nemmeno quando l'Universo non si era ancora formato. Perché l'energia E, è ap-parsa solo quando si è verificato un disturbo, cioè quando si è verificato il movimento. E quando la particella ha cominciato ad accelerare, fino a raggiungere il valore di C, U era piccolo, e E è diventato molto grande o tendente al valore infinito ($E \to \infty$). E così si è formata la grande energia che è riuscita a togliere il futuro Grande Universo dalla sua quiete. E ogni volta che l'energia E, sotto forma di calore Q, appare, ci sarà di nuovo un disturbo, e ciò che così iniziato non può più essere fermato.

E quel centro o centro morto da cui si è formato l'Universo, deve ancora esistere in modo reale, ma non immaginario. E deve essere così efficacemente, perché il punto da cui si è for-mato l'Universo, è impossibile che scompaia.

Cioè, la velocità "U" dell'almatrino sarebbe inversamente pro-porzionale alla quantità di energia E (l'energia dell'almatrino derivante dal movimento) e la costante di proporzionalità sa-rebbe la massa dell'almatrino (m_a), in movimento. Perché quando la particella è molto piccola come nel caso di un al-matrino, e in questo caso più piccola della massa di un neu-trino, la velocità con cui si muove sarà maggiore, quando l'e-nergia dell'almatrino a riposo è minore; cioè, $\mathrm{U} = m_a \psi / E$.

E fu così che un almatrino, essendo la particella più elementare, quando emanava un "quanta" di energia, riuscì a muoversi in quel piccolo spazio, e riuscì ad accelerare generando nuovamente l'enorme energia. Enorme, relativamente o rispetto a quel piccolo spazio. Perché se l'energia era molto bassa, e gli almatrino non avevano massa, possiamo assicurare che in un inizio, o in quel luogo, non esisteva nulla come massa; e di questa bassa velocità, si è formata una grande energia, che per quel piccolo spazio era molto intensa, e quindi si è generata una forma di calore in quel piccolo spazio, che è ciò che è riuscito a risvegliare violentemente il grande Universo.

E per un almatrino, la massa acquisita, o m, sarà sempre inferiore alla massa di un neutrino. Essendo il neutrino, una delle particelle più piccole che la scienza conosce finora. Poiché la massa di un neutrino è stata rilevata con enormi difficoltà, per cui è corretto pensare che la massa degli almatrino non potrà essere rilevata con alcun mezzo fisico che possa essere concepito nella mente umana.

E le almatrino sono state integrate dalla forza energetica degli urdires. Per cui, possiamo piuttosto dedurre, che quando l'insieme degli almatrino con i loro urdires, riescono a diminuire a volontà la loro velocità, diventano abbastanza lenti, e riescono a mostrarsi come vere entità energetiche. E saremo in grado di vederli dalla nostra prospettiva tridimensionale. Ma invece degli spiriti, li cataloghiamo come fantasmi. Ma anche così, la massa in riposo, o m0 degli spiriti, sarà davvero troppo piccola; o nulla da dire. Per questo motivo, lo spirito può attraversare qualsiasi ostacolo senza essere fermato. Possono anche passare attraverso i vuoti tra i nuclei degli atomi della materia ordinaria, come osservava Ernest Rutherford nel suo esperimento.

E questo è ciò che rende gli spiriti formatisi tra le almatrino e l'energia sotto forma di urdires, in quanto la forza che agisce in modo integrativo, non possono essere visti ad occhio nudo o rilevati. O fotografarli. A meno che non siano costretti a volontà, e con essa rallentano la loro velocità di movimento per diventare visibili davanti all'obiettivo di una macchina fotografica. Ma questi dispositivi elettronici non sono ancora riusciti a raggiungere la risoluzione che ha l'occhio umano, cosicché gli spiriti possono essere individuati come apparizioni energetiche, perché gli obiettivi delle macchine fotografiche sono trafitti dalle almatrino. Oppure l'altro modo di manifestarsi, pur rimanendo invisibile, è che gli spiriti si incarnano occupando un corpo, assumendo un'infinità di forme, come ogni Essere terrestre vivente.

Ed è allora, o quando questo processo di essere in un corpo finisce, che gli Spiriti possono mostrarsi davanti a noi come fantasmi o apparizioni, perché hanno copiato energeticamente la figura della loro ultima forma fisica. O come se fossero ologrammi energetici di alta definizione, perché la forza di integrazione degli urdires è molto intensa.

Ma questo processo è anche relativo, perché non sappiamo se per loro, cioè per quelli che chiamiamo fantasmi, i veri fantasmi siamo noi. Perché dopo aver compreso questo processo, diventerà davvero un evento normale per noi, e non sappiamo se verrà il giorno in cui il processo di passaggio da uno stato all'altro sarà fatto in modo normale o quotidiano. Il problema è che le cellule non possono rimanere a lungo senza respirare.

7

EQUAZIONE CHE HA FORMATO L'UNIVERSO

Ma ora, dimostreremo matematicamente, che gli almatrinos possono effettivamente muoversi ad una velocità equivalente al cubo della velocità della luce, cioè $2,7 \times 10^{16}$ chilometri al secondo (C^3). E questo, forse i fisici più connotati non saranno in grado di capire, ma quelli di noi che sanno, che nello stato astrale, possono muoversi istantaneamente da un luogo all'altro. O praticamente senza rendersene conto. O che possiamo passare attraverso qualsiasi superficie senza che nessuna forza si opponga ad essa. La luce dei fotoni, per esempio, è intercettata da una porta di ferro, o anche da un foglio di carta, e alla luce degli spiriti fatti dalle almatrino queste superfici sembrano non esistere, perché nulla ci ferma nella nostra traiettoria di spiriti.

E come abbiamo detto, Albert Einstein ha dedotto che quando una particella si muove alla velocità della luce, la sua massa deve essere effettivamente trasformata in energia, o che se questa particella rallenta, la stessa energia deve essere convertita in massa, e questo è proprio come abbiamo già dimostrato. Così, scrive Einstein, la massa creata o acquisita dalla particella in movimento sarebbe data dall'equazione (E-1). Vale a dire:

$$m = \frac{m_0}{\sqrt{1 - V^2/C^2}}$$

Ma se applichiamo questo concetto agli almatrino, perché alla fine li stiamo analizzando come particelle, o più specificamente come punti, se chiamiamo $U=R^2$ e $K=C^2$ e li sostituiamo nell'equazione di Einstein abbiamo quello che rimane:

$$m = \frac{m_0}{\sqrt{1-R/K}}$$

Ma abbiamo dato per scontato che in realtà gli almatrinos possono viaggiare ad una velocità più veloce della luce, quindi:

Se $K<R$ implica che $R/K>1$ Così

$$m = \frac{m_0}{\sqrt{-R/K}}$$

Il valore R/K della radice è un termine negativo, quindi dobbiamo moltiplicare per (-1) e ricorrere al numero complesso i:

$$m = \frac{m_0}{\sqrt{-R/K(-1)}}$$

Ma $K=C^2$ e $R=V^2$, anche $\sqrt{(-1)} = i$ (il numero complesso)

$$m = \frac{m_0}{\sqrt{R/K}\sqrt{(-1)}}$$

$$\frac{m_0}{\sqrt{R/C^2}\cdot i} = \frac{m_0 C}{\sqrt{V^2}\cdot i} = \frac{m_0 C}{V\cdot i}$$

Sostituendo questo valore di m nell'equazione di Einstein:

$$E = \frac{m_0 C\, C^2}{V \cdot i} = \frac{m_0 C^3}{V \cdot i} \implies V \cdot i = \frac{m_0 C^3}{E}$$

Per eliminare il numero immaginario, ci moltiplicheremo per i, entrambi i lati dell'uguaglianza:

$$V \cdot i \cdot i = \frac{m_0 C^3}{E} \cdot i \implies V \cdot i^2 = \frac{m_0 C^3}{E} \cdot i$$

$$V(-1) = \frac{m_0 C^3}{E} \cdot i \implies -V = \frac{m_0 C^3}{E} \cdot i$$

E per eliminare i, solleviamo i moduli al quadrato su entrambi i lati:

$$\left| -V \right|^2 = \left| \frac{m_0 C^3}{E} \cdot i \right|^2 \implies -V^2 = \frac{m_0^2 C^6}{E^2} \cdot i^2$$

Ancora una volta $i^2 = -1$

$$-V^2 = \frac{m_0^2 C^6}{E^2}(-1) \implies V^2 = \frac{m_0^2 C^6}{E^2}$$

$$V = \sqrt{\frac{m_0^2 C^6}{E^2}} = \frac{m_0 C^3}{E}$$

In modo tale, che la radice quadrata di v, o la velocità dell'al-matrino è:

$$V = \frac{m_0 C^3}{E}$$

(E-2)

Questa equazione rappresenterebbe, per definizione e deduzione, la velocità di un almatrino, o quello che viene chiamato
tachione. Ma, come abbiamo detto, la velocità è variabile. Ma
in aggiunta, questa velocità non è realmente inerente a se
stessa, come ad esempio la velocità di un fotone. Il che significa che il movimento è proprio o caratteristico dell'almatrino.
Per questo motivo preferiamo chiamarlo Ʊ, per cercare di definire meglio, invece di un parametro di velocità, la velocità
massima alla quale un almatrino può muoversi.

Così che la massa ma è veramente la massa dell'almatrino
quando è ferma e Ea è come dire l'energia potenziale contenuta nell'almatrino quando è immobile; così:

$$V = \frac{m_0 C^3}{E}$$

(E-3)

E l'equazione (E-3) è la più importante che è stata dedotta,
perché spiega come si è formato l'Universo. Ma ci aiuterà anche a chiarire un gran numero di altre domande. Per esempio,
quelle che ho potuto osservare da quando ero bambino. Perché con questa equazione, ora posso spiegare perché ho potuto vedere i fantasmi; o perché sono riuscito a uscire dal
corpo; o perché ho potuto passare attraverso le porte, e
quando sono uscito dal corpo, ho potuto uscire dalla stanza e
osservare il mondo esterno. Ma non come un sogno, ma in
modo reale. O perché ho potuto vedere eventi futuri. Oltre ad
altre preoccupazioni. Ma queste non possiamo prendere in
considerazione qui, perché hanno un forte coinvolgimento nel
campo religioso. Anche se tutte queste, e le altre conclusioni
rimarranno libere, in modo che altri le analizzino.

E con la deduzione dell'equazione $U=m_aC^3/E_a$ quello che stiamo concludendo, che all'inizio, in realtà l'Universo non aveva davvero alcuna energia, perché l'energia è apparsa solo quando la velocità U degli almatrino tende veramente verso un valore che è infinito.

E possiamo concludere che all'inizio non c'era nulla. Nessuna massa, nessuna energia. Perché c'era solo il più piccolo centro morto che possiamo immaginare, occupato solo dalla più piccola particella che può esistere, e che abbiamo chiamato almatrino. E lo chiamiamo punto morto, solo per definirlo, perché in quella particella non c'erano forze di vibrazione o di rotazione, per esempio. Ma quando questa particella fu in grado di muoversi, fu da questo movimento che nacque l'energia che fece esplodere la piccola bolla di energia che risvegliò la creazione dell'Universo. E da dove ha avuto origine tutto ciò che esiste, che è solo energia. Perché la materia non è altro che la stessa energia che è sorta, ma è stata agglutinata da un altro tipo di forze, altrettanto energetiche che le hanno integrate, e queste forze integranti è ciò che noi chiamiamo bosoni. Ma la cosa reale è che si tratta della stessa energia emessa. E se riusciamo a raccogliere di nuovo l'Universo, per portarlo a quel punto morto, dovremmo raffreddarlo allo stesso tempo, perché non saremmo in grado di concentrare, in quel punto, tutta l'energia che è già stata generata. Perché, inoltre, all'inizio, in quel punto l'energia non esisteva, il che è opposto a quello che si innalza con la massa e l'energia di Max Planck.

SULL'AUTORE

Laureato alla Scuola di Chimica, Facoltà di Scienze dell'Università Centrale del Venezuela, con una laurea in Tecnologia Chimica. Studi post-laurea in Scienze e Tecnologie Alimentari. Lavoro speciale sulla chimica dei prodotti naturali e sulla chimica delle malattie. Studio della cosmologia e dell'origine dell'energia spirituale.

COME SI È FORMATO L'UNIVERSO

www.ingramcontent.com/pod-product-compliance
Lightning Source LLC
Chambersburg PA
CBHW021919170526
45157CB00005B/2100